油气储运企业高风险作业安全检查系列丛书

盲板抽堵作业安全检查

国家管网集团东部原油储运有限公司　组织编写

中国石化出版社

图书在版编目（CIP）数据

盲板抽堵作业安全检查 / 国家管网集团东部原油储运有限公司组织编写．— 北京：中国石化出版社，2022.10

（油气储运企业高风险作业安全检查系列丛书）

ISBN 978-7-5114-6803-1

Ⅰ．①盲…　Ⅱ．①国…　Ⅲ．①石油与天然气储运－盲板－安全检查－技术培训－教材　Ⅳ．① TE973

中国版本图书馆 CIP 数据核字（2022）第 155865 号

中国石化出版社出版发行

地址：北京市东城区安定门外大街 58 号

邮编：100011　电话：（010）57512500

发行部电话：（010）57512575

http：//www.sinopec-press.com

E-mail：press@sinopec.com

北京富泰印刷有限责任公司印刷

全国各地新华书店经销

*

787×1092 毫米 32 开本 1.0 印张 17 千字

2023 年 9 月第 1 版　2023 年 9 月第 1 次印刷

定价：15.00 元

《油气储运企业高风险作业安全检查系列丛书》

编委会

《盲板抽堵作业安全检查》

编审人员

主　编： 王兢兢　徐　岩　崔志伟

审　核： 赵　彬　刘英剑

前言

盲板抽堵作业是指在设备、管道上安装或拆卸盲板的作业。例如在设备抢修、检修及设备开停工过程中，设备、管道内可能存有物料（气、液、固态）及一定温度、压力情况时的盲板抽堵，或在设备、管道内的物料经吹扫、置换、清洗后的盲板抽堵。

在油气储运企业，此作业如今广泛应用于设备维修、工艺管网改造、动火安防、应急抢修作业中。为了规范盲板抽堵作业的检查与管理，确保作业安全，统一现场监护人员认识，国家管网集团东部原油储运有限公司根据GB 30871—2022《危险化学品企业特殊作业安全规范》、GB 39800—2020《个体防护装备配备规范》及《国家管网集团作业许可安全管理细则》等相关标准和企业制度及现场情况组织业内专家编写了本书，以便对油气储运企业盲板抽堵作业的检查与管理环节进行标准化、规范化管理。

本书适用于管道储运企业工程建设、监理及承包商从事盲板抽堵作业的相应管理工作人员参考，也适用于各级安全监管部门、专业安全管理部门及施工单位对施工现场的监督和检查人员参考。

目 录

第一章 盲板抽堵作业前准备

（1）进行盲板抽堵作业前，基层站队必须向作业人员或施工单位进行交底，对管道工艺流程、管线内物质特性、盲板安装位置等内容进行相互确认，并对可能存在的风险以及施工作业环境进行交底。

（2）进行盲板抽堵作业前，作业单位要针对作业内容，开展 JSA 分析，分析作业过程中可能出现的危害，并制定相应的安全措施。

使用非防爆的铁锤进行盲板抽堵作业（错误）

（3）在不同的企业共用的管道上进行盲板抽堵作业，作业前应告知上下游相关单位。

（4）进行盲板抽堵作业前应制定安全应急预案，作业人员应熟练掌握紧急状况时的应急措施、逃生路线和救护方法。

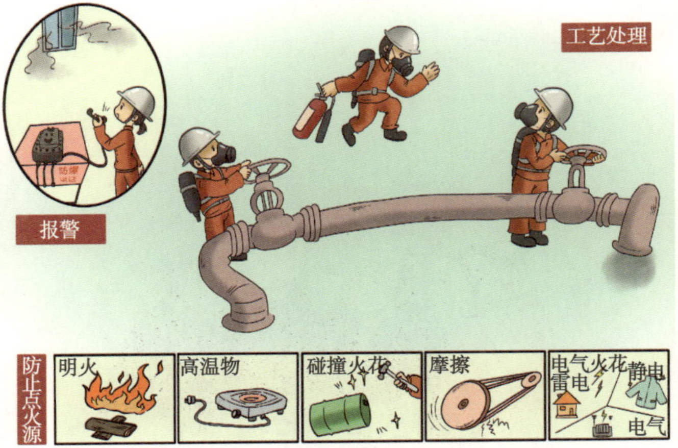

（5）进行盲板抽堵作业必须办理《管线打开（盲板抽堵）安全作业票》，涉及用火、临时用电、高处等作业时，必须办理相应的安全作业票，并依照相关要求，现场办理，现场保存。同一盲板的抽堵作业，应分别办理盲板抽堵安全作业票，一张安全作业票只能进行一块盲板的一项作业。

（6）进行盲板抽堵作业时，要在现场配备一定数量符合规定的应急救护器具，包括空气呼吸器以及灭火器材。在有毒介质的管道、设备上进行盲板抽堵作业时，作业人员应按 GB 39800—2020《个体防护装备配备规范》的要求选用防护用具。在介质温度较高或较低时，应采取防烫或防冻措施。

（7）进行盲板抽堵作业前，要根据工艺流程绘制盲板安装位置图，系统地考虑盲板安装位置的合理性与安全性。作业单位应严格按照位置图进行作业，并对每个盲板标牌进行编号，标牌编号应与盲板位置图上的盲板编号一致。

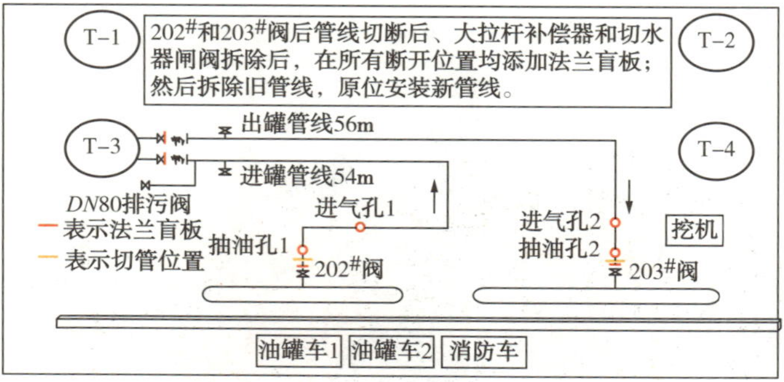

（8）对所有与其相连且可能存在易燃易爆、有毒有害物料的管线、阀门法兰处应加盲板隔离，不得以关闭阀门代替安装盲板。盲板处应挂标识牌，对每块盲板设标牌标识，标牌编号应与盲板位置图上的盲板编号一致，并有专人负责盲板抽堵的挂牌和锁定。

（9）盲板选材要适宜、平整、光滑，经检查无裂纹和孔洞。应根据隔离介质的温度、压力、法兰密封面等特性需要，选择相应材质、厚度、口径和符合设计、制造要求的盲板、垫片及螺栓。高压盲板在使用前应经探伤合格，并符合相关规范要求。

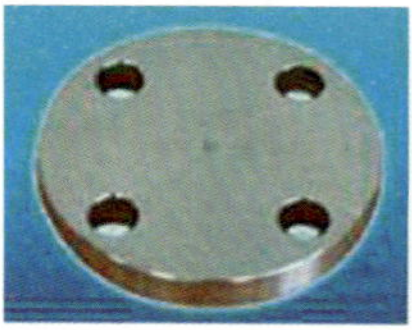

盲板一

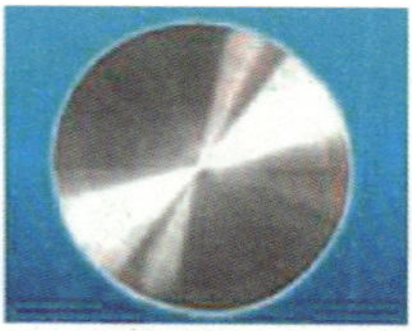

盲板二

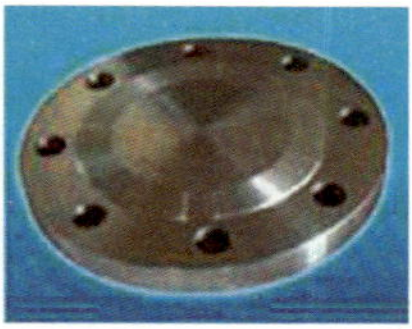

盲板三

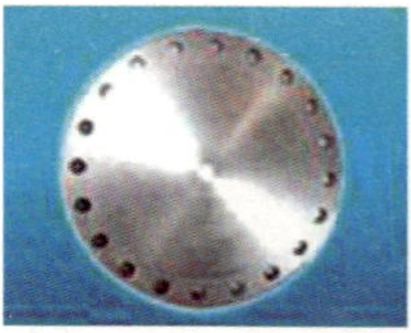

盲板四

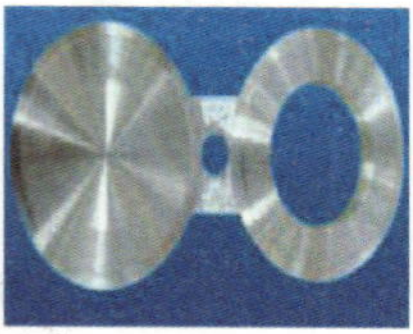

盲板五

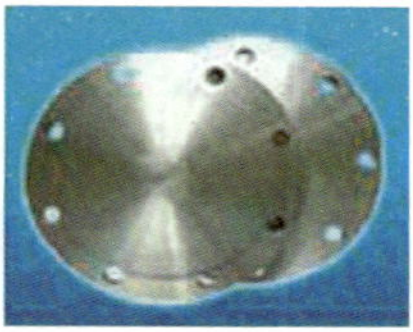

盲板六

（10）盲板的直径应依据管道法兰密封面直径制作，厚度要经强度计算。盲板应有一个或两个手柄，便于辨识、抽堵、加拆及挂牌。

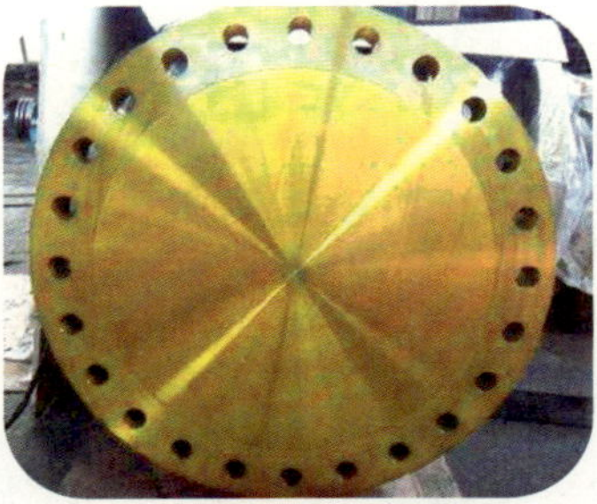

第二章 盲板抽堵作业过程安全措施

（1）作业过程中作业人员要与输油处、输油站运行级调度保持必要的通信联系。在危及作业人员生命健康时，应立即停止盲板抽堵作业，由监护人员引导撤离至安全区域。

（2）在盲板抽堵作业点流程的上下游应有阀门等有效隔断；盲板应加在有物料来源阀门的另一侧，盲板两侧都要安装合格垫片，所有螺栓必须紧固到位。

（3）严禁涂改、转借《管线打开（盲板抽堵）安全作业票》。变更作业内容、扩大作业范围或转移作业部位时，须重新办理《管线打开（盲板抽堵）安全作业票》。对作业审批手续不全、安全措施不落实、作业环境不符合安全要求的，作业人员有权拒绝作业。

（4）在有毒介质的管道、设备上进行盲板抽堵作业时，应尽可能降低系统压力，作业点应为常压。通风不良场所要采取强制通风措施，防止有毒、可燃气体积聚。

（5）作业人员在介质为有毒有害、强腐蚀性的情况下作业时，禁止带压操作，且必须佩戴移动式气体检测仪，佩戴隔绝式呼吸器等个人防护用品。

（6）在易燃易爆场所进行盲板抽堵作业时，必须使用防爆灯具与防爆工具。

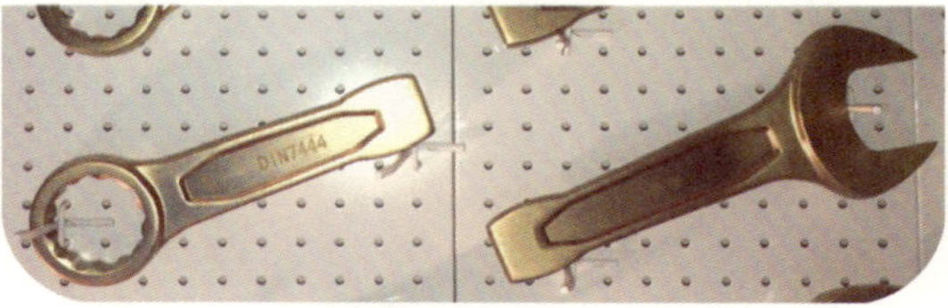

（7）在安装较大的盲板时，需对盲板进行吊装固定，缓慢安装。如果需拆卸法兰的管道距离支架较远，应加临时支架或吊架，防止拆开法兰螺栓后管线下垂。

（8）作业人员应在上风向作业，不得正对法兰缝隙；在拆除螺栓时，应按对称、夹花拆除，拆除最后两条对称螺栓前应再次确认管道设备内无压力。

（9）同一管道一次只允许进行一处盲板抽堵作业，严禁在同一管道上同时进行两处及以上盲板抽堵作业。

同一管道同时进行
两处盲板抽堵作业（错误）

同一管道进行
一处盲板抽堵作业（正确）

（10）作业场所内存在有可燃气体挥发时，应采用水雾喷淋或增加接地极等措施，消除静电，降低可燃气体危害。

增加接地极释放静电

水雾喷淋消减静电

（11）在介质温度较高、可能造成烫伤的情况下作业时，作业人员应采取防烫措施。作业所在单位负责配备冲洗水源，施工人员佩戴防灼伤防护用品。

（12）在火灾爆炸危险场所进行盲板抽堵作业时，作业人员应穿防静电工作服、工作鞋，并应使用防爆灯具和防爆工具；距盲板抽堵作业地点 30m 内不应有动火作业。

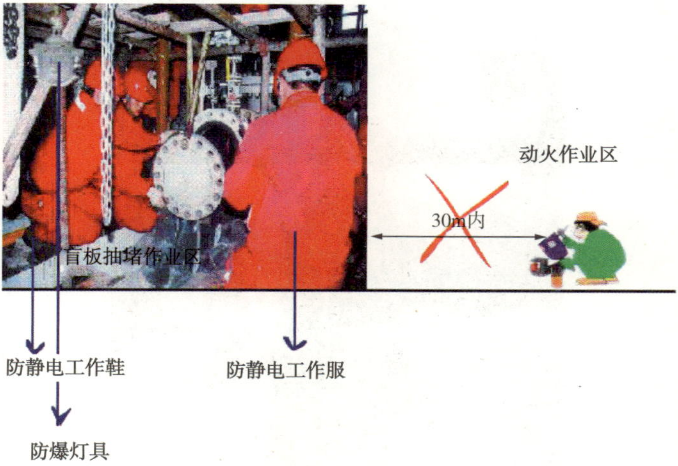

（13）盲板抽堵作业完成后，作业人员要会同作业批准人检查盲板抽堵情况，确认无误后方可离开作业现场。作业票需进行完工关闭，《管线打开（盲板抽堵）安全作业票》应当编号，安全作业票由作业申请单位负责存档留底备案，保存时间为 1 年。

管线打开（盲板抽堵）安全作业票

编号：

<table>
<tr><td>作业申请单位</td><td colspan="3">基层单位</td><td>作业申请人</td><td colspan="2">基层单位业务管理人员</td></tr>
<tr><td>作业单位</td><td colspan="3"></td><td>作业类型</td><td colspan="2">□ 堵盲板　□ 抽盲板　□ 管线打开</td></tr>
<tr><td rowspan="2">设备、管道名称</td><td colspan="3">管道参数</td><td colspan="3">盲板参数</td></tr>
<tr><td>介质</td><td>温度</td><td>压力</td><td>材质</td><td>规格</td><td>编号</td></tr>
<tr><td></td><td></td><td></td><td></td><td></td><td></td><td></td></tr>
<tr><td colspan="7">盲板位置图（可另附图）及编号、作业内容描述：
编制人：　　　年　月　日　时　分</td></tr>
<tr><td>作业负责人</td><td>作业单位负责人</td><td colspan="2">作业人</td><td></td><td>监护人</td><td>作业单位监护人</td></tr>
<tr><td>关联的作业许可证和其他特殊作业安全作业票编号</td><td colspan="6"></td></tr>
<tr><td>风险辨识结果（符合“√”）</td><td colspan="6">□ 中毒　□ 窒息　□ 灼烫　□ 化学灼伤　□ 烫伤　□ 冻伤　□ 火灾爆炸　□ 物体打击
□ 触电　□ 机械伤害　□ 起重伤害　□ 高处坠落　□ 其他：______</td></tr>
</table>

序号	安全措施	是否涉及（已落实打√，不涉及打 ×）	确认人
1	在管道、设备上作业时，降低系统压力，作业点应为常压或微正压	×	双方监护人（下同）
2	在有毒介质的管道、设备上作业时，作业人员应穿戴适合的个体防护装备	√	
3	火灾爆炸危险场所，作业人员穿防静电工作服、工作鞋；作业时使用防爆灯具和防爆工具	√	
4	火灾爆炸危险场所的气体管道，距作业地点 30m 内无其他动火作业	√	
5	在强腐蚀性介质的管道、设备上作业时，作业人员已采取防止酸碱化学灼伤的措施	√	
6	介质温度较高，可能造成烫伤的情况下，作业人员已采取防烫措施	√	
7	介质温度较低，可能造成人员冻伤情况下，作业人员已采取防冻伤措施	√	
8	同一管道上未同时进行两处及两处以上的盲板抽堵（管线打开）作业		
9	其他相关特殊作业已办理相应安全作业票		
10	作业现场四周已设警戒区		
11	对已打开的管道进行排空、吹扫、清洗		
12	对作业管段进行有效能量隔离		
13	其他安全措施： 编制人：		